Couvertures supérieure et inférieure
en couleur

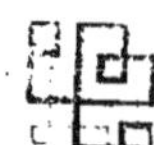

SOLUTION DU PROBLÈME

DE LA

LOCOMOTION AÉRIENNE

APERÇU GÉNÉRAL & SOMMAIRE

AVEC 21 FIGURES A L'APPUI

Par Michel LOUP

> En théorie, la moindre force continue donnée peut résoudre le problème de la Locomotion aérienne sans aérostats ni montgolfières.
>
> Page 11.

PRIX : 1 F. 50 C.

PARIS
CARILIAN-GOEURY ET VICTOR DALMONT, LIBRAIRES,
Quai des Augustins, 49.

LYON
CHARLES SAVY, LIBRAIRE, Place Bellecour, 14.

1853

CHANOINE, IMPRIMEUR A LYON.

SOLUTION DU PROBLÈME

DE LA

LOCOMOTION AÉRIENNE

SOLUTION DU PROBLÈME

DE LA

LOCOMOTION AÉRIENNE

APERÇU GÉNÉRAL & SOMMAIRE

AVEC 21 FIGURES A L'APPUI

Par Michel LOUP

> En théorie, la moindre force continue donnée peut résoudre le problème de la Locomotion aérienne sans aérostats ni montgolfières.
>
> Page 41.

PRIX : 1 F. 50 C.

PARIS

CARILIAN-GOEURY ET VICTOR DALMONT, LIBRAIRES,
Quai des Augustins, 49.

LYON

CHARLES SAVY, LIBRAIRE, Place Bellecour, 14.

1853

AU LECTEUR.

Je ne suis pas ingénieur, encore bien moins homme de lettres, et cependant j'ose entrer en lice pour aborder, par le raisonnement, le problème le plus important des temps modernes, le problème si activement et si vainement poursuivi depuis quelques années, le problème de la LOCOMOTION AÉRIENNE.

Seul, sans lumières et sans conseils, une semblable tentative peut paraître et être en effet téméraire; et cependant quel parti prendre? Faut-il ajourner indéfiniment de faire connaître le résultat de plus de dix ans de recherches et d'observations, parce que les règles si mobiles et si inintelligibles de l'art de parler et d'écrire ne me sont pas familières? et si j'avais réellement trouvé le secret du problème, faudrait-il donc, pour une raison aussi futile, l'emporter dans la tombe?

Il me semble qu'un pareil motif de silence serait plus que de la poltronnerie : ce serait de l'impuissance.

Ainsi donc, si je suis personnellement convaincu de la valeur de la découverte que j'annonce, et si j'ai la ferme intention de la faire connaître au public, une question de mots ne saurait m'arrêter, car ce ne sont pas des mots que j'ai à dire, mais des idées à répandre pour les soumettre au jugement de tous. Donc, quel que soit mon langage, si je crois parvenir à me faire comprendre, je ne dois pas hésiter davantage.

Je vais donc entrer en matière; mais que les hommes qui ne cherchent dans les livres que la forme agréable s'abstiennent de la lecture de ce mémoire, car il ne contient rien de ce qui pourrait les intéresser; cependant si, contrairement à mes désirs, ils venaient à passer outre, qu'ils se tiennent pour avertis : je ne répondrai rien à leurs réflexions épigrammatiques, — si toutefois ils daignaient réfléchir pour si peu; — mais à ceux qui pensent qu'il ne suffit pas d'avoir une haute naissance, de la fortune, et reçu une brillante éducation pour avoir de nobles sentiments, à ceux-ci je serai heureux de répondre.

La première pensée qui préoccupera le lecteur sérieux devant le titre de ce mémoire sera, j'en suis sûr, un doute formel sur la valeur de la théorie nouvelle : ce doute est naturel, et je le pardonnerai volontiers, parce que l'esprit public, constamment trompé jusqu'à ce jour par des annonces pompeuses, se défie maintenant avec raison des amorces qu'on lui jette de toutes parts; il ne peut et ne doit dorénavant croire que contre preuves.

J'emploierai donc, autant que cela me sera

possible, pour appuyer mes assertions, la méthode sévère mais positive des mathématiciens; mon livre n'y gagnera pas en attraits, mais j'ai dit que j'écrivais seulement pour prouver, et on sait qu'il n'y a pas de chemin plus direct pour conduire à la démonstration de la vérité que celui du raisonnement mathématique.

Ennemi naturel des longs préliminaires, et ayant de plus hâte d'atteindre mon sujet, je vais couper court à cette introduction, et la terminer en réclamant toute l'attention du lecteur, sans laquelle ce qui va suivre pourrait bien rester inintelligible pour lui.

Michel LOUP.

Givors (Rhône), 1er octobre 1852.

SOLUTION DU PROBLÈME

DE LA

LOCOMOTION AÉRIENNE

CHAPITRE Ier.

CONSIDÉRATIONS GÉNÉRALES.

La première chose à établir, dans le sujet à traiter, est *la quantité de moyens plus ou moins parfaits dont l'homme peut disposer pour soutenir ou diriger librement et volontairement un mobile quelconque dans l'atmosphère.*

Je vais donc commencer par donner le *Tableau analytique et synthétique* de ces moyens généraux classés suivant leur degré de perfection radicale.

TABLEAU ANALYTIQUE ET SYNTHÉTIQUE

DES MOYENS GÉNÉRAUX DE SUSPENSION ET DIRECTION DES CORPS LIBREMENT ABANDONNÉS DANS L'ATMOSPHÈRE.

MOYENS GÉNÉRAUX POSSIBLES.	SYSTÈMES GÉNÉRAUX QUE CES MOYENS CONSTITUENT.	BASE DE CHAQUE SYSTÈME GÉNÉRAL.	EFFETS RÉSULTANT DES BASES QUI PRÉCÈDENT.	BUT FINAL DE CHAQUE SYSTÈME GÉNÉRAL.	DIRECTIONS NORMALES ATTRIBUÉES A CHAQUE SYSTÈME GÉNÉRAL.	GENRES DE MOUVEMENTS PARTICULIERS A CHAQUE SYSTÈME GÉNÉRAL.	EFFETS MÉCANIQUES OBSERVÉS SUR LES TYPES EMBLÉMATIQUES RÉALISÉS DANS	
							LA NATURE.	L'INDUSTRIE.
Moyen actif.	L'AÉROLOCOMOTION.	Projection continue.	Remplacement de la force verticale par une résultante continuellement oblique avec la pesanteur.	La direction en tous sens permanente et volontaire indéfinie.	Par les lignes horizontales.	Mouvements rectiligue, curviligne et mixtiligne.	Le vol des oiseaux et des insectes.	Lacune (1). (1) Le vol de la machine aérienne à créer.
Moyen passif.	LA BALISTIQUE.	Projection simple.	Remplacement de la force verticale par une résultante oblique passive.	La direction passive définie ou circonscrite.	Par les lignes obliques.	Mouvement mixtiligne.	Le mouvement des astres.	La marche des projectiles de toutes sortes.
Moyen neutre.	L'AÉROSTATION.	Différence de pesanteur sous un volume égal.	Poussée verticale.	La suspension indéfinie.	Par les lignes verticales.	Mouvement rectiligne.	La superposition horizontale des fluides de densité différente.	L'ascension des montgolfières et des aérostats.

Pour le rapport comparé qu'ont entre eux les trois systèmes généraux considérés dans leurs types emblématiques, voir la figure 21.

Il n'est pas possible d'imaginer un quatrième moyen à ajouter au tableau qui précède; le mélange même des trois moyens présentés ne peut créer un genre nouveau (1), parce que ce mélange existe déjà, en voici la preuve :

L'Aérostation est le moyen simple par excellence, basé sur *la poussée verticale.*

La balistique est un moyen composé, dont le caractère particulier est l'impulsion simple ; mais, elle participe encore de la poussée verticale ou de l'Aérostation si nous considérons la marche des projectiles dans l'air atmosphérique, c'est-à-dire dans un fluide pondérable.

Enfin l'Aérolocomotion ou la *Locomotion aérienne* est le moyen le plus composé des trois, car ne pouvant se concevoir que dans l'air atmosphérique, elle participe par là dans une certaine mesure aux bénéfices de la poussée verticale, c'est-à-dire qu'elle tient de l'Aérostation, et de la Balistique puisqu'elle jouit de la vitesse acquise par les impulsions antérieures. L'Aérolocomotion contient et résume, comme on voit, l'Aérostation et la Balistique, elle a néanmoins un caractère qui lui est propre à savoir : *la continuité des impulsions.*

Ces différentes remarques seront mieux comprises lorsqu'on aura achevé la lecture du mémoire.

(1) Sauf le mélange déraisonnable, qui crée des monstruosités sans nulle valeur, comme le système Pétin, par exemple.

CHAPITRE II.

COURT RÉSUMÉ DE L'AÉROSTATION ET DE LA BALISTIQUE.

Je n'ai point l'intention de faire ici l'histoire de l'Aérostation et de la Balistique, parce qu'on peut trouver dans de fort beaux livres à se satisfaire pleinement sur l'origine et les progrès de l'une et de l'autre de ces sciences. Je dirai seulement qu'un ancien, un génie extraordinaire, le fameux Archimède, a jeté le principe fondamental sur lequel repose l'Aérostation, lorsqu'il a dit qu'*un corps quelconque plongé dans un liquide ou fluide aériforme était poussé de bas en haut par une force égale au poids du liquide ou fluide aériforme qu'il déplace par son volume.*

On a cherché avant de connaître le principe d'Archimède la solution de l'Aérostation, et ce n'est qu'au siècle dernier que les frères Montgolfier sont parvenus à la trouver par la découverte des ballons qu'ils firent en 1782.

L'Aérostation est restée à peu près stationnaire depuis cette époque, et le moyen de voyager par l'air qu'on croyait pouvoir tirer du perfectionnement des aérostats et des montgolfières est toujours un mystère impénétrable pour les uns et une chimère pour les autres.

On peut diviser l'Aérostation en plusieurs systèmes particuliers dont les principaux, connus jusqu'à ce jour en théorie ou en pratique, sont :

Le système du vide proposé par Lana en 1686 ;

Le système de l'air raréfié par la chaleur proposé et appliqué par Montgolfier en 1782;

Enfin le système de l'hydrogène que nous a légué le physicien Charles.

La Balistique est une science plus militaire que civile, car elle a pour objet la marche des projectiles. On peut dire qu'elle est aussi ancienne que le monde, puisque la guerre a été la première industrie des anciens peuples. Je n'entrerai point dans les détails fort compliqués de cette science, d'abord parce que l'étendue de mes connaissances ne me permettrait point de le faire même médiocrement; ensuite, parce qu'ayant hâte d'atteindre mon sujet, je dois passer sur toute question qui, sans utilité réelle, me détournerait de mon but.

La Balistique se trouve du reste en partie traitée avec le nouveau système.

PREMIÈRE PARTIE.

THÉORIE.

CHAPITRE III.

AÉROLOCOMOTION OU LOCOMOTION AÉRIENNE.

PRÉLIMINAIRE.

La véritable Locomotion aérienne, quoique pressentie et cherchée depuis les temps les plus reculés, n'a pu être encore réalisée industriellement ; cependant le tableau, pages 6 et 7, nous apprend qu'elle n'est pas une chimère, puisqu'elle existe dans la nature pour la plupart des oiseaux et des insectes. Or, puisque là est la vérité (ce que personne ne peut contester) arrêtons-nous et étudions.

Remarquons, tout d'abord, que la nature n'a jamais donné à l'immense variété des êtres animés qui se partagent le vaste et bel empire de l'atmosphère, deux moyens de se mouvoir et de se diriger, jamais elle n'a remplacé les ailes dont ils sont armés par un autre organe de locomotion, jamais surtout elle n'a essayé de leur prêter la puissance ascensionnelle de l'hydrogène, et cependant ces types vivants réalisent la perfection que nous cherchons à atteindre. Que ce fait évident nous serve de premier enseignement et soit comme un avertissement toujours présent à notre pensée pendant nos recherches, afin que, guidé par lui comme par un fanal, nous évitions l'écueil où sont allés, sans exception, se jeter tant d'infatigables chercheurs par leur obstination à suivre l'ornière boueuse au lieu de la route neuve que la nature leur offrait à déblayer.

Laissons donc les sentiers battus et enfonçons-nous au plus épais du fourré, ce ne sera pas le moyen de voyager à l'aise, mais ce sera celui de voir des lieux inexplorés.

CHAPITRE IV.

ÉLÉMENTS DE L'AÉROLOCOMOTION.

Au point de vue général on peut ne considérer en Locomotion aérienne qu'un seul élément, savoir : LA FORCE ; mais en pénétrant dans les détails de cette nouvelle partie de la technologie, on est forcé de décomposer ce principe unique et dernier en un nombre assez varié d'éléments de forces secondaires, sans quoi la solution du problème reste une énigme indéchiffrable.

Il faut reconnaître deux *deux espèces* générales de forces en locomotion aérienne, savoir :

La force première ou *pure*, et *la force deuxième* ou *d'accident*.

Ces deux espèces de forces principales se subdivisent encore en un grand nombre d'autres forces élémentaires que nous allons examiner avec attention.

On ne s'attendait pas à rencontrer une aussi grande variété d'éléments constitutifs dans le nouveau mode de locomotion ; on va voir au chapitre suivant que pour éviter la confusion qui pourrait résulter de trop de minutie de détails, je suis obligé de les réduire encore à la quantité strictement nécessaire à l'édification de la nouvelle théorie.

CHAPITRE V.

FORCES PREMIÈRES OU PURES.

En Locomotion aérienne, les *forces premières* peuvent être en nombre indéterminé, cependant on les divisera généralement en trois sortes, savoir : DEUX FORCES COMPOSANTES.

1° *La force attractionnelle* ou *pesanteur, et* 2° *La force motrice continue.*

Et UNE FORCE RÉSULTANTE ou ligne de marche que le mobile suivrait dans le vide.

Afin de donner plus d'autorité à ce que j'avance, je vais entrer dans quelques détails sur la composition et la décomposition des forces d'après les physiciens et les mathématiciens, de cette manière on restera convaincu que je n'admets rien d'arbitraire pour étayer ma proposition.

CHAPITRE VI.

COMPOSITION ET DÉCOMPOSITION DES FORCES.

Voici, sur ce sujet, un resumé des principes admis dans la science :

Il est de toute évidence, que deux forces égales qui agissent parallèlement et contradictoirement sur un mobile inerte, se détruisent et ne produisent aucun effet, soit que, par leur action, elles tendent à se rapprocher, soit qu'elles tendent à s'éloigner l'une de l'autre.

Maintenant, si ces mêmes forces agissent de telle manière, que leur direction respective fasse un angle quelconque, le mobile prend alors une direction moyenne qui n'est ni l'une ni l'autre de celle des forces, mais qui les satisfait proportionnellement.

Pour démontrer cette vérité, les mathématiciens se servent d'une figure géométrique fort simple, à laquelle ils ont donné le nom de parallélogramme des forces.

Par le parallélogramme des forces, il est démontré (et j'accepte ce principe dans toute sa rigueur), que la direction de marche d'un mobile soumis à l'action de deux forces quelconques, faisant entre elles tel angle que l'on voudra, *est la diagonale du parallélogramme construit sur elles.*

Soit, A B (fig. 1 et 2), une force quelconque, et A C, une autre force que l'on voudra, si A B et A C expriment les espaces que chaque force, correspondant à l'une de ces lignes, pourrait faire franchir au mobile d'un mouvement uniforme et pendant un même temps, la combinaison des deux efforts simultanés produira une force unique que l'on nomme *force résultante*, laquelle est toujours exprimée en intensité et en direction par la diagonale A D du parallélogramme A, C, D, B, construit sur les forces A B, A C. Ces deux dernières prennent alors le nom de *forces composantes*.

On voit, toutes choses égales, que plus l'angle C A B, (fig. 1re), est ouvert ou obtus, plus la résultante A D est petite; et que, plus il est fermé ou aigu, C A B, (fig. 2), plus elle est grande, A D.

Dans le premier cas (fig. 1), les *forces composantes* tendent à s'entre-détruire jusqu'au point où, étant en opposition directe, elles s'anéantissent l'une l'autre si elles sont égales; si elles sont inégales, la plus grande perd une mesure d'intensité égale à la plus petite.

Dans le deuxième cas (fig. 2), les forces composantes tendent à s'entr'aider jusqu'au point où étant parallèles entre elles, *la résultante* devient le produit de l'intensité des deux composantes.

La conséquence du principe du parallélogramme des forces est que l'on peut toujours remplacer par une seule, deux forces qui font un angle, et que l'on peut toujours aussi décomposer une force unique en deux autres variables à l'infini, puisqu'on peut faire une infinité de parallélogrammes différents sur une même diagonale.

En d'autres termes, et pour mieux faire remarquer les effets résultant de la combinaison des forces pour le sujet qui nous intéresse ici : *quelle que soit l'intensité d'une force absolue quelconque, la moindre autre force qu'on lui applique angulairement, donne aussitôt naissance à une nouvelle force étrangère aux deux premières, quant à la direction et, souvent aussi, quant à l'intensité.*

On voit encore, d'après la théorie du parallélogramme des forces, que *la force résultante* A D, (fig. 1 et 2), peut se trouver alternativement dirigée dans toutes les positions de la sphère, en admettant seulement des modifications de positions et d'intensité, à une des deux composantes, soit, par exemple, à celle A C. Ceci est évident, sans qu'il soit besoin de le prouver plus longuement.

Jusqu'ici, je n'ai parlé que de la réunion de deux forces, mais ce même principe ne se borne point là : il sert également à démontrer comment se composent et se décomposent les forces combinées en aussi grand nombre que l'on voudra.

De nouvelles démonstrations étant ici inutiles, qu'il suffise au lecteur de se souvenir qu'il peut y avoir un nombre indéterminé de *forces composantes* dans le phénomène du mouvement, mais qu'il n'y a jamais qu'une *force résultante*. Je renvoie les personnes qui désireraient en savoir davantage sur cette matière, aux livres des maîtres du genre, et je reviens à mon sujet.

On désignera en Locomotion aérienne les forces dont il vient d'être parlé, et quels que soient leur nombre, leur direction et leur intensité, par le nom de *forces premières, composantes* ou *résultantes*.

Ces forces seront toujours considérées abstraction faite

de toute influence de milieu (1), c'est pour cela qu'on les surnommera *pures*.

CHAPITRE VII.

DES VERTICALES, HORIZONS, ZÉNITHS ET NADIRS, VRAIS ET RÉSULTANTS.

On sait que la ligne *verticale* est parallèle à la direction de la pesanteur et perpendiculaire à la surface des eaux calmes, que l'*horizon* coupe la verticale à angle droit et est, par conséquent, parallèle à cette même surface des eaux tranquilles. On sait, également, que le point du ciel ou correspond en ligne droite la direction de la verticale se nomme *zénith* et que le point diamétralement opposé du coté de la terre s'appelle *nadir*.

L'horizon ressemble donc à un immense cercle par le centre duquel la verticale passe à angle droit pour aller se fixer comme un pivot, du coté supérieur au zénith, et du coté inférieur au nadir.

(1) Il est vrai que la force composante motrice *première continue* présente, en Locomotion aérienne, une exception, puisqu'elle ne peut pratiquement se produire sans la résistance du milieu. Cependant il faut, pour éviter la confusion, la considérer comme les autres forces premières, sauf à établir, pour elle, des calculs particuliers sur sa formation et ses modifications dans telles ou telles conditions, par rapport au milieu ambiant.

Ces quatre termes, verticale, horizon, zénith et nadir sont toujours invariablement placés les uns par rapport aux autres et par rapport à la surface de la terre, pour un même lieu. J'ajoute à leur dénomination ordinaire le nom de *Vrai*, pour les distinguer des cas exceptionnels suivants où nous allons les considérer encore.

On donnera en Aérolocomotion le nom de *verticale résultante* à toute *force résultante première*, quelles que soient son intensité et sa direction dans l'espace, pourvu qu'elle soit engendrée par des *forces composantes premières pures* en vertu de la théorie du parallélogramme des forces dont nous venons de parler; ainsi la *verticale vraie* ou *pesanteur* étant supposée A B (fig. 1 et 2), si l'on admet une force motrice continue égale à A C, la *verticale résultante* ou *force résultante* sera A D.

On nommera également en Locomotion aérienne *horizon résultant* toute ligne perpendiculaire à la *verticale résultante*, quelle que soit, du reste, la position de celle-ci. Le point de l'espace que la force verticale résultante semblera fuir en ligne droite, s'appellera *zénith résultant*, et le point opposé *nadir résultant*. Par exemple, la verticale résultante étant A B (fig. 3), l'horizon résultant sera C D, le zénith résultant A et le nadir B; tandis que la verticale vraie ou pesanteur sera E F, l'horizon vrai G H, le zénith vrai E et le nadir vrai F.

On voit donc, 1° que puisque les termes *verticale*, *horizon*, etc. *résultants* sont comme les *vrais*, toujours placés de même les uns par rapport aux autres, ils changeront de place tous les quatre à la fois; 2° que contrairement au terme *vrais*, rien de fixe ne détermine pour un même lieu la position des *résultants*, puisque la *verticale résultante* A B (fig. 3), peut varier de position à l'infini par rapport à la pesanteur E F; 3° qu'il y a autant de verticales, horizons, zéniths et nadirs *résultants* pour un même lieu, qu'il y a de points à la surface d'une sphère, c'est-à-dire une quantité infinie.

CHAPITRE VIII.

FORCE DEUXIÈME OU D'ACCIDENT.

En Aérolocomotion la *forme* est aussi une puissance.

La puissance créée par la *forme* du mobile est la *force deuxième* dont ce chapitre doit traiter.

On reconnaît la présence de la *force deuxième*, lorsque la ligne de marche, suivie par un mobile librement abandonné à l'action de la *force première résultante* ou autre, ne correspond point en intensité et en direction avec celle-ci.

Toutes les personnes qui se sont occupées de physique, savent que dans le vide les corps tombent tous avec la même vitesse et la même direction droite (ou parabolique, s'ils sont lancés obliquement), quelles que soient du reste leur forme, leur position et leur masse, mais que cette uniformité dans la vitesse et la direction de chute de tous les corps cesse dès que nous expérimentons dans l'air atmosphérique, ainsi que le démontre l'expérience dont nous allons parler plus bas.

On conclut de la similitude de conduite ou de chute des corps dans le vide, *qu'ils sont tous également pesants*; et de la non coïncidence de ces faits avec ceux observés dans l'atmosphère, que *les perturbations observées dans le mouvement de chute des corps libres dans l'air, c'est-à-dire dans le plein, sont produites par la présence du milieu inerte agissant comme résistance sur la surface ou le volume des mobiles.*

Voici un exemple simple et concluant pour faire connaître l'existence de la *force deuxième.*

Prenez une feuille de papier, de carton mince ou tout autre corps plat, léger et rigide, et abandonnez-le librement dans l'atmosphère de telle manière que sa grande surface A B C D (fig. 4), soit dirigée suivant E F en dessous de l'horizon vrai E G. Le corps ainsi abandonné dans l'air au lieu de suivre la ligne E H de la pesanteur, qui est ici la force première sollicitante, décrira, toutes choses égales, une courbe parabolique E I J, en dessous de l'horizon vrai. On voit que malgré l'action de la pesanteur E H, le mobile s'achemine vers une autre direction.

Chacun est à même de répéter cette simple expérience et de se convaincre qu'il existe bien réellement une *cause* autre que la pesanteur dans le phénomène dont il vient d'être parlé.

C'est à la *cause générale* de ces perturbations, assez variées dans leurs manifestations, que je donne le nom de *force deuxième.*

CHAPITRE IX.

POURQUOI LE NOM DE FORCE DEUXIÈME ?

De la définition simple et claire des termes dépend en grande partie l'idée juste qu'il faut se faire d'une chose démontrée.

Les termes nouveaux, dans une partie nouvelle de la science, ont encore plus besoin que les autres de cette définition. Examinons donc pourquoi je substitue le nom de *force deuxième* à celui de *résistance de l'air* dans le phénomène du mouvement accidentel, qui se produit lors de la chute des corps légers, abandonnés dans l'atmosphère.

D'abord, il importe de connaître les choses avant de les nommer; et lorsqu'on les connaît, de les appeler par leur nom. Voyons donc à définir en peu de mots ce qu'il faut penser de la chute des corps libres dans l'air; ce sera le bon moyen de savoir si le nouveau terme convient pour en désigner la cause.

D'après ce qui a été dit, au chapitre de la composition et décomposition des forces pures, que je nomme *forces premières*, il est évident que, puisque le mobile, (fig. 4), se meut, il est sous l'action d'*une force*; il est facile encore de reconnaître que cette force n'est pas la pesanteur pure, encore moins la résistance de l'air, mais une force nouvelle, c'est-à-dire la pesanteur décomposée par la résistance de l'air. Elle est donc, dans tous les cas, où il est donné de l'observer, une force *composée* ou résultante.

Enfin, il est incontestable, par les raisons que nous venons de donner, que cette force nouvelle n'est pas de même *nature* que les forces premières ou pures, puisqu'elle n'a jamais un effet identiquement semblable à celles-ci, soit en intensité, soit en direction, elle est donc une force *dégénérée* ou *secondaire*.

Ainsi le vrai nom qu'on doit donner à la cause du phénomène observé dans le cas de la fig. 4, ou tout autre analogue que nous décrirons au chapitre suivant, doit indiquer la présence de la *force*, doit expliquer si celle-ci est *simple* ou *composée*, et enfin, doit faire connaître, autant que possible, *la nature* de cette force. Or, la dénomination de *force résultante deuxième* remplit toutes les conditions demandées ; c'est pour cette raison que je l'adopte pour désigner la cause des phénomènes dont il s'agit ici, et les différencier des autres ; on sera ultérieurement libre de maintenir ou de changer cette qualification.

CHAPITRE X.

DES DIFFÉRENTS EFFETS PRODUITS PAR LA FORCE DEUXIÈME.

La force deuxième est immuable au fond, c'est toujours la résistance de l'air combinée avec une force première quelconque qui la produit ; mais les résultats apparents qu'elle donne varient beaucoup : tantôt le mobile soumis à son influence s'abaisse doucement vers la terre, tantôt il paraît glisser vers l'horizon comme le long d'un plan incliné, tantôt il se meut circulairement en décrivant un pas de vis autour de la verticale, etc. etc. Pour jouir à la fois de la vue de ces différents effets, coupez une certaine quantité de morceaux de papier de différentes formes, et jetez-les dans l'air, d'un lieu élevé, vous remarquerez simultanément toutes ces nuances de mouvement ; tous ces mobiles s'abaisseront vers la terre, doués chacun d'une marche particulière, et pas un seul, peut-être, ne suivra la ligne verticale dans sa chute, et pourtant la pesanteur sera la seule *cause première* de ces mouvements si divers.

S'il arrivait cependant qu'un de ces petits mobiles s'abaissa verticalement (chose fort rare dans l'expérience qui nous occupe), son mouvement serait alors lent et uniforme au lieu d'être accéléré, comme cela arriverait s'il était seulement soumis à l'action de la force *première pure résultante* ou autre.

Il est indispensable ici d'entrer dans quelques détails particuliers sur chacun des phénomènes principaux dont nous venons de parler. Je les diviserai en trois catégories 1° Celle des corps en chute verticale, lente et uniforme. 2° Celle des corps en mouvement parabolique vers l'horizon. 3° Celle des corps en mouvement circulaire, descendant autour de la verticale vraie.

CHAPITRE XI.

FORCE DEUXIÈME VERTICALE.

On donnera à la force deuxième autant de noms différents qu'elle engendrera d'espèces de mouvements principaux.

Cette quantité de termes techniques, loin de produire la confusion, aura au contraire l'avantage de désigner immédiatement et sans ambiguïté le genre de phénomène auquel le terme s'appliquera. Par exemple, il est aisé de voir par le titre seul de ce chapitre que nous allons parler ici de la première des trois catégories de mouvements signalées à la fin du chapitre précédent. Il en sera de même de tous les autres termes, lorsqu'on connaîtra bien les choses auxquelles ils s'appliquent.

Revenons au sujet.

La *force deuxième verticale* est ainsi nommée, parce qu'elle entraîne toujours le mobile parallèlement à la direction, quelle qu'elle soit, de la force première, résultante ou non, qui entre dans la composition du phénomène. Ce mouvement ne diffère de celui produit par la résultante première seule que, parce qu'en maximum, la vitesse est uniforme, tandis qu'elle est toujours accélérée lorsque le mobile est sous l'influence des forces premières seulement; ainsi la descente en parachute est un cas de force deuxième verticale, tandis que si elle avait lieu sans le parachute, elle serait produite par la force première pure, car alors on compterait la résistance du milieu pour zéro, et le mouvement devrait être indéfiniment accéléré.

Examinons donc le phénomène de la descente en parachute, puisqu'il est un cas de force deuxième verticale, et voyons ce qui s'y passe de caché.

L'air possède, comme tous les corps, entre autres propriétés physiques, celle que l'on appelle *inertie.*

L'inertie est *l'indifférence complète* où sont les corps à leur état présent, soit de repos, soit de mouvement. En vertu de cette propriété, ils ne peuvent, sans l'intervention d'une force, ni se mouvoir s'ils sont en repos, ni rentrer dans le repos s'ils sont en mouvement.

Or, ici la force, tendant à faire passer le corps ou système de corps, du repos au mouvement, est la *pesanteur* ou *force première.* Elle agit sur un mobile volumineux (parachute), qui ne peut changer de place dans l'espace sans déplacer une certaine quantité de molécules de matière inerte (l'air). Or, puisque pour mouvoir la matière inerte il faut une force, la pesanteur, ici force mouvante, est donc employée partie à abaisser le mobile, et partie à écarter l'air inerte qui se présente constamment devant le volume du mobile en mouvement, circonstance qui affaiblit d'autant plus sa puissance, que la quantité de molécules à déplacer est plus grande, c'est-à-dire que le mobile est plus spacieux. Ensuite, un nouvel air inerte à déplacer se présentant sans cesse devant le mobile mu par la pesanteur, le pouvoir accélérateur de celle-ci est, par conséquent, constamment entravé dans son développement, lequel ne peut alors dépasser une certaine mesure. La vitesse de chute doit donc inévitablement atteindre un certain maximum, c'est-à-dire l'uniformité. C'est effectivement ce qui arrive dans la descente en parachute.

En vertu de ce qui a été dit au chapitre de la composition des forces, on peut considérer le phénomène en question comme le résultat de la combinaison de deux forces, savoir : la pesanteur dont l'action a lieu de haut en bas, et la résistance de l'air manifestant son effort de bas en haut. On a vu que le résultat de ce mélange était de faire perdre à la plus grande force (pour des temps correspondants), une mesure d'intensité égale à la plus petite, fait ici confirmé par la faible tendance au mouvement de chute observée dans le phénomène dont il s'agit.

Pour compléter ce qu'il importe de savoir sur la chute uniforme, j'ajouterai, d'après les mathématiciens, que *la résistance de l'air augmente comme le carré de la vitesse des corps en mouvement dans son sein*, et que, puisque cette résistance agit sur le volume toutes choses égales, elle augmente ou diminue avec ce dernier.

La chute uniforme verticale est la plus simple manifestation de la force deuxième ; maintenant que nous la connaissons, passons à un sujet plus complexe et d'une grande importance en Locomotion aérienne.

CHAPITRE XII.

FORCE DEUXIÈME OBLIQUE.

Les explications précédentes étant acquises au lecteur, il faut ici qu'il redouble d'attention et de patience, car ce chapitre est un des plus importants de la théorie nouvelle.

Nous avons vu que la feuille de papier A B C D (fig. 4), s'échappait suivant E I J, lorsque, placée obliquement par rapport à *l'horizon vrai* on l'abandonnait librement dans l'air; recherchons maintenant les causes de ce phénomène.

L'air en vertu de son inertie, tend, ainsi que nous venons de le dire, à s'opposer à tout mouvement dans son sein et à combattre ainsi l'action de toute force mouvante.

Or, ici, la feuille A B C D (fig. 4), étant libre, doit évidemment tendre à s'abaisser suivant la direction de la pesanteur ou force mouvante; mais, dès l'origine ou la manifestation de ce *mouvement* vertical suivant E H, la surface A B C D rencontre l'obstacle de l'air, le mobile se trouve donc par ce fait comme placé sur une pente K F, puisque la résistance qu'il éprouve est oblique avec l'horizon vrai E G et la force sollicitante E H.

Or, on sait qu'abstraction faite des frottements, tout mobile placé sur un plan incliné doit glisser le long de ce plan, si rien ne s'oppose à ce mouvement. C'est précisément ce qui arrive, car la surface inclinée A B C D, contre laquelle la résistance se produit, est plane et unie, et l'air est excessivement mobile; il n'y a donc aucune raison pour empêcher que le mobile ne s'achemine aussitôt dans la direction E F. Néanmoins un nouvel obstacle au mouvement dans ce dernier sens se manifeste alors aussitôt ; c'est encore celui de la résistance de l'air qui cette fois vient frapper à angle droit sur l'arête B C de l'épaisseur de la feuille.

Le mobile a donc présentement deux résistances à vaincre pour continuer à se mouvoir, l'une perpendiculaire à A B C D, l'autre perpendiculaire à B C et parallèle à K F. Mais pour vaincre une résistance il faut une puissance, et comment la pesanteur ou la force première, qui n'agit ici que dans le sens E H, pourra-t-elle repousser les deux résistances que nous venons de signaler et qui se coupent à angle droit ?

Dès l'origine de la résistance oblique, la pesanteur E H a été décomposée en deux autres forces E L et E M, perpendiculaires entre elles et perpendiculaires aux surfaces contre lesquelles la résistance peut se produire. Ces forces chargées chacune de combattre les résistances éprouvées par les surfaces auxquelles elles correspondent et dont les intensités varient immédiatement et continuellement pendant un certain temps, pour des causes que nous allons examiner, font, par leur combinaison, décrire au mobile une courbe que nous allons décomposer et examiner dans ses détails.

Cette courbe présente d'abord une assez grande ressemblance avec la courbe parabolique, mais elle se termine presque toujours par un brusque mouvement de remont. La marche recommence alors à se manifester en sens inverse, d'abord, par la parabole, puis par le remont et ainsi de suite, en culbutant jusqu'à ce que le mobile atteigne la terre. Dans ce phénomène, le mobile semble vouloir imiter le mouvement oscillatoire du pendule.

Parlons d'abord de la cause de la marche E I J plus ou moins rapprochée de la véritable courbe parabolique :

Le mobile A B C D, soumis à l'action des deux forces E L et E M, créées par la résistance du milieu, continuerait toujours à se mouvoir suivant E H, si les surfaces auxquelles elles correspondent étaient égales et perpendiculaires entre elles, ou si cette étendue des surfaces n'était pour rien dans leur mouvement dans l'air ; en effet, nous voyons en vertu du principe du parallélogramme des forces que la diagonale E N serait la résultante des deux composantes E L et E M, ce qui prouverait bien la marche suivant E H ; mais, puisque toutes choses égales, la résistance de l'air croît comme le volume des corps en mouvement dans son sein, la force E M étant supposée 1000 et la surface B C à laquelle elle correspond 1, on aura 1000 divisé par 1 égal à 1000 ; et la force E L, supposée six fois aussi grande en intensité que la précédente, soit 6000 et la surface A B C D à laquelle elle correspond, soit 2000 par rapport à l'autre B C, on aura 6000 divisé par 2000 égal à 3 : donc, en maximum, les intensités des deux forces dont il s'agit ne peuvent plus être représentées par les lignes E M et E L, mais bien par les chiffres 1000 pour la force E M, et 3 pour celle E L.

On s'explique maintenant pourquoi la marche, au lieu d'être suivant E N, arrive bientôt à une direction presque parallèle à la ligne K E F, lorsque le mobile arrive par exemple au point J.

Cette utile propriété de résistance de l'air renverse donc ici l'effet qui se produirait sans elle, en mettant la grande force du côté opposé où on l'aurait remarquée sans son influence sur le volume.

Il faut cependant se garder de conclure, que la résultante ou ligne de marche sera exprimée, en direction, par la diagonale du parallélogramme construit sur les forces 3 suivant E L, et 1000 suivant E M qui est bien l'expression de l'effort respectif qu'elles sont capables de produire en maximum, car il faut tenir compte de la propriété croissante de la résistance du milieu, laquelle est proportionnelle au carré de la vitesse. Cette dernière propriété établirait donc ici que le maximum d'intensité que pourrait atteindre chaque force, devrait être exprimé par les racines carrées des expressions 3 et 1000 des forces composantes.

Or, d'après ce principe, le véritable développement d'intensité maximum possible des composantes serait, pour la composante E L :

Racine carrée de 3, égale à 1,732 ;

Et pour la composante E M :

Racine carrée de 1000, égale à 31,623.

Construisant donc un parallélogramme sur les intensités 1,732 suivant E L et 31,623 suivant E M, on aurait alors la véritable direction maximum de marche rectiligne et uniforme du mobile suivant la diagonale qui en résulterait, soit J O, les composantes étant exprimées par J P pour E M, et J Q pour E L.

Relativement aux principes qu'on vient de lire, je crois devoir observer au lecteur que, n'ayant jamais étudié la physique différemment que par des lectures, je n'ai point la prétention d'imposer les formules que je donne ; je les soumets, on est libre de mettre à leur place tout autre principe *vrai* ou même *faux*, car ici il faut bien remarquer que je ne tiens à constater qu'une chose qui *est*, et que, par conséquent, tout ce qui peut en être dit de juste ou de mensonger, ne saurait rien y changer.

Revenons maintenant à la cause de la courbe E I J de la marche.

On sait en physique que les forces accélératrices constantes impriment aux mobiles inertes, soumis à leur influence, une marche indéfiniment accélérée, et que les espaces franchis sont entre eux, dans ce cas, comme la suite directe des nombres impairs 1, 3, 5, 7, 9, 11, etc. Cette loi s'entend d'une manière absolue, c'est-à-dire lorsqu'aucune cause étrangère ne vient entraver le mouvement.

Voyons à appliquer ici ces principes :

Nous avons vu qu'en maximum les intensités des composantes étaient entre elles, suivant notre hypothèse, comme J P est à J Q. Mais, puisque tout phénomène de mouvement s'accélère toujours sous l'influence d'une force continue, depuis le zéro jusqu'à son maximum, examinons le développement graduel de la marche du mobile.

Soit donc A (fig. 5), le mobile soumis aux deux forces composantes A B et A C d'un développement particulier et progressif. Afin de ne point trop développer et compliquer la figure démonstrative, considérons de suite la force A B dans son développement maximum, c'est-à-dire uniforme, quoique cela ne puisse réellement arriver qu'après un certain temps. Ainsi la force A B doit tendre à faire abaisser toujours uniformément le mobile suivant sa direction au moment où nous la considérons, tandis que l'autre doit se développer suivant A C, pendant un certain temps, c'est-à-dire jusqu'à ce que le choc du milieu soit égal à l'intensité maximum possible de la force, et lui fasse équilibre. Nous trouvons donc en suivant la progression :

1er temps :	composantes	A B et A C,	résultante	A D.
2e	»	» D E et D F	id.	D G.
3e	»	» G H et G I	id.	G J.

et ainsi jusqu'à la marche uniforme dont nous avons parlé, ce qui donne bien une ligne de marche égale à E I J (fig. 4), sauf les angles saillants D, G (fig. 5), que la théorie, prononçant en un temps donné du phénomène, est forcée de considérer, mais qui, en réalité, n'existe pas, parce que le développement des composantes a lieu en des temps infiniment petits.

Pour terminer ce chapitre, il nous reste à examiner en peu de mots, la cause du mouvement oscillatoire qui se produit toujours lorsque le mobile est arrivé au bas J de la courbe semi-elliptique qu'il parcourt.

Il est évident que si la position d'inclinaison de la surface A B C D du mobile (fig. 4), restait toujours la même, c'est-à-dire parallèle à la position première, le remont observé n'aurait pas lieu ; or, comme ce remont arrive généralement, il y a donc déplacement de l'inclinaison primitive.

Tachons d'en découvrir la cause, afin d'en tirer parti, s'il y a lieu.

En parcourant une ligne comme E I J (fig. 4), on voit que le mobile suit une marche sensiblement circulaire ;

or, en vertu de l'inertie de la matière et des lois relatives au mouvement curviligne, on sait :

1° Que les corps ne se meuvent pas sans cause;

2° Que les parties d'un corps, en mouvement circulaire, se meuvent plus vite vers la circonférence que dans les autres points intérieurs du cercle parcouru par le corps.

Donc, en vertu de ces principes, puisque le mobile (fig. 4), décrit une ligne circulaire dans sa marche, les parties de ce corps placées à la circonférence doivent évidemment tendre à se mouvoir plus vite que celles plus rapprochées du centre de rotation; et, s'il en est ainsi, la tendance au remont est inévitable, à moins, cependant, qu'une force quelconque ne viennent modifier cette disposition naturelle.

Voyons à vérifier ce fait qu'il importe de connaître : Soit A (fig. 6), le mobile librement abandonné, sa marche étant à peu près une courbe A B C, si nous admettons que les parties de la surface soient dans la même position par rapport au centre H dans les différentes parties de la courbe, nous verrons que le mobile arrivé en B aura déjà considérablement changé la position de sa surface, par rapport à celle qu'il occupait en A; qu'en C, le déplacement est encore bien plus considérable; et que, si l'on suivait toujours le même raisonnement, la direction indiquée par le plan de la surface serait diamétralement opposée, lorsque le mobile serait parvenu à l'autre côté du cercle.

Il n'est donc plus étonnant alors, que, grâce à la vitesse acquise, le mobile abandonne la circonférence et termine sa marche par une brusque tendance au remont dans l'intérieur du cercle, soit une route A D E.

La résistance de l'air tend, cependant, à s'opposer à ce que la partie extérieure F, se meuve plus vite que celle G. Ceci est très-vrai; mais alors qu'arrive-t-il? le milieu pousse plus fort le point extérieur que l'autre, circonstance qui fait ordinairement enrouler la feuille (voyez au point G E F); et la dispose ainsi encore mieux au mouvement de remont dont nous parlons.

Pour neutraliser cette tendance, il faut donc réaliser deux choses :

1° Trouver une force capable de faire plonger la partie antérieure;

Et 2° obvier à la flexion de la partie postérieure du mobile aplati et de sa surface entière.

Ces deux conditions ne sont pas difficiles à réaliser.

Pour la première, il suffit de concevoir la partie inférieure du mobile, articulée ou munie d'un gouvernail horizontal, pouvant s'abaisser lorsque la tendance au remont commence à se manifester.

Pour la deuxième, il faut relier les parties flexibles du mobile par un système de liens analogues à celui des haubans des navires, et dont nous verrons plus loin l'application dans la fig. 13.

Ces conditions, réalisables en pratique, étant par ce fait, réalisées en théorie, nous sommes en droit de conclure que la tendance à la marche semi-circulaire des corps aplatis, abandonnés dans l'air, peut être neutralisée et remplacée par la marche rectiligne ou mouvement descendant ne dessous de l'horizon, et que l'angle de ce mouvement peut être très-faible, pourvu qu'on satisfasse les conditions de forme et de force indiquées par la théorie. Ceci se conçoit aisément, du moment qu'on sait que tout angle descendant, quelque faible qu'il soit, en dessous de l'horizon, est une pente, et, qu'abstraction faite des frottements, il est impossible à un mobile inerte de rester en équilibre sur une pente ou plan incliné.

On m'observera probablement ici pourquoi je prends, pour appuyer mes démonstrations, une feuille de papier plutôt qu'un corps plus lourd, présentant par là plus de garanties au point de vue pratique. Je répondrai, qu'en effet, j'avais le choix dans cette circonstance, mais il ne faut pas oublier qu'il s'agit ici de prouver en théorie et de convaincre le plus possible. J'ai donc dû choisir le mobile, quel qu'il soit, sur lequel les phénomènes signalés se produisaient de la manière la plus sensible, la plus apparente, la plus prompte; je n'ai pas trouvé mieux que d'indiquer une feuille de papier qu'on peut si commodément se procurer pour vérifier ce que j'avance. Or, ce moyen étant suffisant pour convaincre le lecteur, mon but est atteint.

CHAPITRE XIII.

FORCE DEUXIÈME OBLIQUE CURVILIGNE HORIZONTALE.

Il est inutile d'entrer dans de longs détails sur cette force; elle n'est que la représentation, dans un autre sens, de celle que nous venons d'examiner; ou plutôt la force deuxième oblique dans un sens augmentée de la même force, constamment variable dans un autre sens perpendiculaire au premier.

Cette force est du reste très-connue en théorie et même en pratique, c'est *la cause* du mouvement curviligne horizontal facultatif, que donne, aux bateaux et navires, l'action du milieu contre leur gouvernail, placé dans telle ou telle position oblique.

En aérolocomotion, cette force jouera le même rôle, *donner les directions dans le cercle de l'horizon vrai;* elle sera, comme on voit, très-importante, mais elle cessera de présenter la moindre difficulté pratique lorsque la marche horizontale rectiligne sera réalisée.

Je me borne donc à la signaler pour ne pas interrompre l'ordre que je me suis proposé de suivre dans ce mémoire.

Ce dernier mouvement est le plus composé de ceux que nous offre la force deuxième, parce qu'il ne se produit qu'alors que les autres sont déjà réalisés.

Tels sont les trois principaux aspects sous lesquels nous reconnaîtrons à l'avenir la présence de *la force deuxième résultante.*

CHAPITRE XIV.

SURFACES VRAIES, FAUSSES ET NEUTRES.

Nous venons de distinguer clairement trois espèces principales de *forces deuxièmes* que le volume du mobile, combiné avec la résistance de l'air, engendre dans le mouvement; il nous reste maintenant à distinguer sur le véhicule aérien les parties du volume qui produisent ces forces diverses.

On nommera *surface de résistance vraie ou de suspension* toute surface dont l'action contre le milieu tendra à diminuer la chute du mobile libre. Cette surface est celle que nous avons désignée par A B C D (fig. 4).

Toute surface dont l'influence sera contraire à la marche du mobile libre, comme l'épaisseur B C (fig. 4) de la feuille dont nous nous sommes servi pour appuyer la théorie qui nous occupe, se nommera en aérolocomotion, *surface de résistance fausse ou d'opposition.*

Enfin, toute surface, capable de changer ou maintenir les directions dans le plan de l'horizon, s'appellera *surface de résistance neutre.* Ces dernières engendreront à volonté ce que nous avons appelé au chapitre précédent, la *force deuxième oblique curviligne horizontale.*

CHAPITRE XV.

SOLUTION DU PROBLÈME.

Maintenant que les propriétés des *forces premières et deuxièmes* sont connues, il me reste seulement *trois mots* à ajouter pour donner mon secret, et prouver que *la moindre force* motrice continue donnée, peut résoudre le problème de la Locomotion aérienne; ces trois mots, les voici : il faut *décentrer la pesanteur* au moyen de la force continue donnée.

Le lecteur n'a probablement rien compris à un pareil aveu. Voici les explications que je lui dois :

Nous savons par ce qui est dit, page 16, que toute force, combinée angulairement avec une autre, donne naissance à *une troisième* force appelée *résultante première*.

Nous savons également, par le chapitre XII, que, grâce à la résistance de l'air, un mobile aplati, comme fig. 4, peut se mouvoir sous un angle très-faible en dessous de l'horizon ou ligne perpendiculaire à la force première sollicitante (page 34).

Or, composons la solution :

Prenons pour véhicule aérien le mobile, fig. 4, doué des propriétés possibles qui lui sont attribuées dans l'hypothèse, chapitre XII, c'est-à-dire, considérons-le dans l'atmosphère et avec une forme telle qu'il puisse, grâce à elle, comme le mobile, fig. 4, se mouvoir sous un angle assez faible en dessous de l'horizon, par exemple, l'angle de 10 degrés. Maintenant, dotant, par la pensée, ce même mobile, de la force continue motrice réclamée pour résoudre le problème, décentrons ou excentrons, à l'aide de cette dernière, la force attractionnelle ou pesanteur, chose facile à faire si on se souvient de la composition des forces premières, et le problème est résolu. Voici comment :

La faible force motrice continue donnée (je ne la suppose ici que le quart de l'intensité de la pesanteur), soit A B, (fig. 7), angulairement opposée à la pesanteur A C, donnera immédiatement naissance à la *force résultante première* A D, qui s'appelle aussi *verticale résultante*. A partir de ce moment, la pesanteur ou force attractionnelle est *décentrée* ; elle prend alors le rôle inférieur de *force composante première* aussi bien que la force motrice continue A B. L'action simultanée de ces deux dernières forces est donc anéantie de fait par l'apparition de la *verticale résultante* A D, le mobile ne doit plus désormais obéir qu'à cette dernière force ; il s'achemine donc suivant A D ; mais, surgit alors la force deuxième oblique résultante qui, à son tour, modifie la tendance première de la marche. En effet, la résistance de l'air se faisant sentir dès l'origine du mouvement, donne naissance à la force deuxième.

Donc, plaçant le mobile dans la position qu'il occupe A B C D (fig. 8), par rapport à la verticale résultante E F, parallèle à A D (fig. 7), et à l'horizon résultant G H, nous n'avons plus qu'à répéter ce qui a été dit au chapitre XII. En effet, le mobile devenu libre, tendant aussitôt à se diriger suivant E F, direction de la *verticale résultante*, éprouvera aussitôt la résistance du milieu ; celle-ci sera alors immédiatement décomposée en deux forces composantes I J, I K, lesquelles ayant chacune un mode d'action différent et isolé, engendreront bientôt, après avoir fait décrire une courbe sensiblement curviligne au mobile comme I L M, une direction droite et uniforme M N. L'équilibre ainsi une fois rétabli dans le développement des deux composantes, en vertu de l'influence de la résistance contraire à la marche sur les surfaces B C, et favorable à la suspension sur celle A B C D, la marche uniforme M N sera inclinée de 10 degrés en dessous de G H, *horizon résultant*, ligne perpendiculaire à la *verticale résultante* E F.

On voit donc : 1° que, dans cette marche, le mobile descend réellement vers la force verticale résultante E F (qui remplace, comme on le sait, la pesanteur O P, jouant présentement le rôle inférieur de composante), puisqu'il fait avec elle un angle aigu N Q F, et qu'il n'échappe au pouvoir de cette dernière que grâce à la résistance de l'air, laquelle résistance engendre la *force deuxième oblique rectiligne*; 2° qu'en descendant ainsi, par rapport à E F verticale résultante et G H *horizon résultant*, il monte réellement R S N, par rapport à l'horizon véritable R T, ou par rapport à la surface de la terre P U, donc *le problème est résolu*.

Sans jamais sortir du vraisemblable, on peut, à l'aide des éléments contenus aux chapitres précédents sur les *forces premières et deuxièmes*, varier à l'infini les exemples de marche du véhicule aérien, lui donner la marche supérieure, parallèle ou inférieure avec l'horizon vrai, la marche en va et vient ou en pas de vis comme N V X

Y Z, enfin concevoir toutes les évolutions possibles soit par le plan de l'horizon vrai, soit par toute autre position oblique avec ce dernier.

Telle est la solution théorique du problème de la Locomotion aérienne.

On peut de ce qui précède déduire la vérité générale, qu'*en théorie la moindre force continue donnée peut résoudre le problème de l'aérolocomotion,* 1° parce que cette force permet toujours de décomposer la pesanteur en une autre puissance quelconque oblique avec elle; 2° parce qu'il est aussi toujours possible de concevoir un mobile dont la forme soit telle, qu'elle puisse, grâce à la résistance de l'air, et en vertu de ce qui est dit sur la force deuxième oblique, décomposer à son tour toute force absolue en une autre quelconque très-faiblement inclinée en dessous de l'*horizon vrai* ou *résultant.*

CHAPITRE XVI.

PREUVES DE LA SOLUTION DU PROBLÈME, PAR LA THÉORIE QUI PRÉCÈDE, TIRÉES DE LA NATURE MÊME.

Si, pour résoudre le problème de la Locomotion aérienne, il s'agissait simplement de faire parcourir à un mobile une direction rectiligne A B (fig. 9), parallèle à une surface inclinée comme par exemple le revers d'une montagne soit C D, la solution serait des plus faciles et ne nécessiterait pas même la présence d'un moteur autre que la pesanteur. En effet, car en rappelant ce qui est dit sur la force deuxième oblique, on voit qu'il est facile d'obtenir une marche descendante oblique rectiligne sans autres auxiliaires que la résistance de l'air, combinée avec la forme du véhicule aérien, et que cette marche, grâce à une simple manœuvre de gouvernail, peut devenir un peu plus comme un peu moins descendante ou oblique avec une direction donnée quelconque, pourvu, cependant, que cette direction soit toujours descendante ou en dessous de l'horizon vrai ou résultant.

Cette faculté possible permettrait donc de prendre, sans l'intervention d'un moteur artificiel, le mouvement à volonté soit parallèlement, soit en dessus ou en dessous de la ligne A B — que nous pouvons considérer comme l'horizon de la surface C D, puisqu'elle lui est parallèle — ce qui serait évidemment résoudre le problème, par rapport à la surface inclinée seulement, car aussi loin qu'on pourrait supposer le développement des lignes A B pour la marche, et C D pour le sol se déroulant sous la marche, ces deux termes ne pourraient jamais se rencontrer.

Or, remarquons bien à quelles conditions le problème serait ici résolu.

La première serait celle de l'inclination du plan C D (surface de la terre) par rapport à la pesanteur C E et à l'horizon C F;

La deuxième reposerait dans le pouvoir donné au mobile par sa forme en vertu de la résistance de l'air, pouvoir que j'ai appelé *force deuxième oblique.*

Or, quelle différence y a-t-il entre les conditions de cette dernière hypothèse et celles exigées pour arriver aux résultats donnés par la fig. 8? D'abord, en ce qui concerne la pesanteur ou force motrice, nous sommes en droit de la supposer comme la résultante de tel ou tel nombre de forces premières que l'on voudra, ceci ne change rien à sa manifestation sur le mobile soumis à sa puissance, ainsi qu'il est expliqué au chapitre VI. Nous pouvons donc la supposer générée comme la force A D (fig. 7), c'est-à-dire produite par deux composantes C G et C H (fig. 9), donc ici *il y aurait identité. Alors en quoi consisterait* la différence qui existe certainement dans les deux cas dont il s'agit? La seule différence à constater ici, est que dans la fig. 9, la surface de la terre C D est inclinée, et la force C E fixe, tandis qu'au contraire la surface P U de la terre (fig. 8), est fixe et la force première E F est inclinée, simple différence de position respective.

Il y a donc deux moyens de résoudre le problème de l'aérolocomotion; *le premier*, — moyen purement démonstratif et impossible, pratiquement parlant, — nécessite l'inclinaison du sol, soit une pente quelconque, sans toucher à la force motrice qui est alors la pesanteur. *Le deuxième*, — moyen pratique qui se retrouve chez les oiseaux et la plupart des insectes, — nécessite au contraire le remplacement de la force verticale ou pesanteur par une autre force quelconque continuellement oblique avec elle, sans rien toucher à la surface du sol.

Ces deux moyens sont, comme on le voit, identiques au fond, et se vérifient l'un par l'autre. De leur rapprochement surgit une vérité dont il est bon de se souvenir : c'est que le problème une fois résolu, la surface de la terre ne sera plus, pour la machine aérienne, une surface horizontale, mais bien un véritable plan incliné dont la pente sera toujours du côté de la marche vers l'horizon vrai, quel que soit du reste le sens de cette marche.

SECONDE PARTIE.

EXTENSION DE LA THÉORIE A LA PRATIQUE.

CHAPITRE XVII.

RÉFLEXIONS TRANSITOIRES.

Je viens de démontrer la valeur de la théorie nouvelle ; la certitude a remplacé l'incertitude ; car, à moins d'être aveugle ou de fermer les yeux si le soleil brille au-dessus de nos têtes, il faut bien confesser qu'il fait jour ou faire preuve de déraison.

Je sais bien qu'il peut y avoir de nombreuses erreurs dans ce qui précède, qu'on peut m'accuser de ne pas tenir assez compte des masses, des densités, des intensités, etc, ou d'en parler d'une manière erronée ; mais ces lacunes ou ces erreurs ne peuvent pas détruire *deux choses* qui à elles seules renferment tout ce qui peut se dire présentement et dans l'avenir sur la Locomotion aérienne : ces deux choses sont la composition des forces et le phénomène indiqué par la fig. *4*, c'est-à-dire la distinction des forces en premières et deuxièmes, composantes et résultantes.

La vérité est donc ; il reste maintenant à la prendre dans le monde absolu des théories où nous venons de la voir, et à la faire passer dans celui de la réalité.

Cette opération s'appelle *application pratique.*

L'application pratique ou réalisation ne constitue plus une découverte ; c'est une espèce d'interprétation plus ou moins juste de la vérité théorique préconçue.

Elle se divise en deux parties :

1° Le plan.

2° L'exécution.

Le plan ou projet arrêté, résolution finie ou fixe, est une composition dans laquelle les éléments simples et primitifs de la vérité théorique sont mesurés, rapprochés et fixés d'une manière permanente ; il doit contenir tous les éléments fondamentaux de la théorie, et peut, avec cela, varier à l'infini, parce qu'on peut combiner en une quantité infinie de manières les principes élémentaires ou simples de la vérité théorique finale.

L'exécution est simplement la copie exacte, le *fac-simile* du plan. C'est la superposition sur la figure tracée de telle ou telle matière, fer, cuivre, bois, tissus, etc.

Ici, où nous nous proposons de réaliser l'aérolocomotion, nous avons donc à nous occuper d'abord du plan de la Locomotive aérienne, mais avant cela il ne faut pas oublier que la réalisation pratique de toute machine nouvelle, basée sur un système nouveau, est précédée d'une série d'essais ou d'expériences, ayant pour but de mettre la théorie à l'épreuve et de vérifier si elle a tout prévu.

C'est donc du plan de la machine d'essai dont nous devons nous occuper d'abord, de la machine sur laquelle pourront être vérifiés les résultats probables avancés en théorie. Le plan positif ne peut venir qu'ensuite.

CHAPITRE XVIII.

MACHINE AÉRIENNE.

La théorie nous a appris quels étaient les pouvoirs fondamentaux dont devait être doué le véhicule aérien pour atteindre le but. Donnons maintenant la nomenclature des organes nécessaires à la production des éléments exigés.

La voici :

ORGANES PRODUCTEURS DES FORCES PREMIÈRES.

Moteur. *Propulseur.*

ORGANES PRODUCTEURS DES FORCES DEUXIÈMES.

Surfaces de résistances vraies et neutres.

Nous allons entrer dans les détails relatifs à ces différents organes puis passer à l'ensemble de la machine.

CHAPITRE IX.

MOTEUR.

Quoique la question du moteur ait considérablement perdu de son prestige, grâce à la théorie qui précède, elle n'en est pas moins de première importance, étant le point de départ de toute tentative de réalisation.

Nous devons ici, comme toutes les fois qu'il s'agit de découvertes, nous garer d'un danger, c'est celui de la routine, plus aveugle, souvent, que l'ignorance même; témoin ce qui se passe depuis soixante-dix ans au sujet de la Locomotion aérienne.

Défions-nous donc de la manière ordinaire dont on considère la question du moteur à propos de Locomotion aérienne, car il y a cela de remarquable, dans les recherches dirigées jusqu'à ce jour contre le problème, qu'on ne pense nullement à utiliser les puissances si nombreuses, si variées et si énergiques que nous possédons; à tel point qu'on en est venu à les oublier complétement en subordonnant la solution cherchée, non pas à l'avénement d'une théorie rationnelle, démontrant la possibilité d'utiliser les forces connues ou mettant à nu leur insuffisance, mais à l'apparition plus ou moins prochaine d'un nouveau moteur d'une puissance considérable indéterminée.

D'après cette manière de voir, on serait porté à croire que les forces présentes à notre disposition ne méritent pas qu'on s'occupe d'elles, tandis que la plupart pèchent par excès d'énergie; sous ce rapport, je me bornerai à citer seulement le gaz acide carbonique liquide, qu'on n'a pas pu ou plutôt qu'on n'a pas su maîtriser jusqu'à ce jour; à côté de cette puissance motrice extraordinaire il faut mettre la théorie récente de M. Boutigny sur l'état sphéroïdal de la matière pour résumer, en quelques mots, le champ de nos ressources présentes sur la question des moteurs.

Ainsi les ressources ne manquent pas : donc jusqu'à ce que nous ayons achevé de concevoir la machine d'essai, jusqu'à ce qu'on ait établi les calculs précis et les formules générales qui sont à définir; en un mot jusqu'à ce qu'on ait créé *tous* les moyens positifs de juger si nous sommes réellement nantis ou privés de la force motrice nécessaire, il faut se garder de désespérer de réussir.

Le champ de l'expérimentation et des spéculations de toutes sortes est très-vaste et il y aurait folie à le croire stérile, surtout sachant qu'en théorie la moindre force continue donnée peut résoudre le problème, ainsi que cela vient d'être démontré.

Si, après avoir épuisé toutes les ressources qui nous sont offertes par la chimie dans les forces connues et par la physique dans la présente théorie, nous ne sommes pas satisfaits, alors, mais seulement alors, nous pourrons raisonnablement déclarer insuffisants les moteurs connus, et tourner nos recherches vers de nouvelles puissances. Continuons donc à préparer le *logement* où doit être reçue la force quelle qu'elle soit, en visant toujours à ce qu'elle y puisse produire ses effets avec le plus d'économie possible.

CHAPITRE XX.

PROPULSEUR.

L'organe de propulsion est chargé de produire, sur le mobile, l'effort qu'il reçoit du moteur. Cet effort constitue la force motrice première continue.

Sérieusement parlant on ne peut proposer en aérolocomotion que deux genres de propulseurs :

1° La vis en hélice.

2° La roue à ailes.

La vis en hélice répond en effet à toutes les exigences théoriques, mais pratiquement et comparativement à la roue à ailes, elle lui est inférieure. Je m'attacherai donc à la roue à ailes de préférence.

Voici sa structure :

Soit A (fig. 11), un arbre ou pivot portant à l'une de ses extrémités B, deux rayons C en opposition directe se terminant vers le côté opposé de l'arbre par un appendice membraneux et élastique D. Chacun de ces deux rayons, muni de son appendice, affecte sensiblement la forme de l'aile d'un oiseau. L'assemblage complet se rapproche assez, comme on le voit, de la partie antérieure du caducée, bâton célèbre que les anciens ont si ingénieusement placé entre les mains du dieu messager de l'Olympe.

Voilà pour la structure générale, maintenant voyons pour les effets.

Construisez une roue à ailes telle que je viens de la décrire, et une vis de la courbure que vous voudrez, mais de mêmes dimensions que la roue à ailes ; faites ensuite tour à tour pivoter dans vos doigts la vis en hélice et la roue à ailes entre deux flambeaux E et F (fig. 11), et vous remarquerez, qu'à vitesse égale, les flammes s'inclineront davantage, seront poussées par un courant plus rapide lorsque vous ferez tourner la roue à ailes, que lorsque ce sera la vis en hélice que vous emploierez à sa place ; d'où il faut évidemment conclure que la vis en hélice est inférieure à la roue à ailes comme organe de propulsion, au moins dans l'air atmosphérique.

Dans l'expérience qui vient d'être citée, le courant d'air s'établit dans toute l'étendue du cercle décrit par l'extrémité des ailes en mouvement rotatoire; la flamme du flambeau E paraît comme attirée vers la roue par une force invisible, tandis que celle du flambeau F semble au contraire en être chassée par la même force.

Je crois devoir déterminer à quatre le nombre maximum de rayons ou d'ailes simples dont on pourra doter un même axe A; (Je n'en donne même que quatre en tout au projet de machine aérienne dont on verra plus loin la description). Un plus grand nombre aurait l'inconvénient du poids et de la confusion. Ceux qui penseraient donner au moteur plus de prise sur le milieu, en augmentant le nombre des ailes, n'obtiendraient pas l'avantage qu'ils en attendraient, parce que les surfaces des ailes étant toujours également noyées d'air auront pour cette raison toujours la même prise, toutes choses égales. Il vaut donc mieux réduire le poids et laisser dépenser la force motrice qui pourrait se trouver en excès par une augmentation de vitesse de rotation des roues à ailes.

Sur les quatre ailes à fixer au pivot A, deux devront être invariablement attachées sur le pivot et deux autres devront être mobiles, afin de se plaquer sur les deux immobiles lorsque l'on suspendra le mouvement de rotation de l'arbre pour descendre à terre.

Dans la construction de l'aile, il faut observer plusieurs choses: d'abord, que la membrane soit assez flexible à sa partie inférieure pour s'incliner sous la pression du milieu et chasser ainsi l'air de l'avant à l'arrière, et non le repousser du centre à la circonférence, perpendiculairement au pivot A B, comme cela arrrive dans les ventilateurs.

Cette précaution d'élasticite doit s'observer jusqu'au haut de l'aile, en ayant soin de calculer à chaque degré d'excentricité la raideur convenable du ressort, laquelle raideur doit varier toujours et augmenter à mesure qu'on s'éloigne de l'axe. Nous ne parlons ici que de la membrane D, car l'arête C doit, au contraire, être fixe et rigide par rapport au pivot A B. On doit encore donner une légère courbure à la surface choquante, comme si l'aile voulait étreindre et retenir l'air qu'elle atteint en se mouvant. Cette disposition se voit fig. 13; elle a pour but d'augmenter la résistance du milieu contre l'aile, de neutraliser, en partie, la tendance centrifuge de l'air et de faciliter son expulsion de l'avant à l'arrière au profit de la faculté propulsive de l'appareil.

Nous verrons à la composition de la machine, comment se produisent sur le mobile les efforts émanant des roues de propulsion.

Afin de justifier la préférence que j'accorde à la roue à ailes, je vais faire ressortir quelques défauts radicaux de la vis en hélice. Le principal de ces défauts est la rigidité de la courbure du filet, c'est-à-dire de la membrane choquante qui à elle seule constitue l'organe; il est facile de comprendre en effet que cette surface en colimaçon présenterait, vue dans le sens de l'axe ou de la direction de marche, comme à la fig. 13, une vaste surface. Or, on sait que toute surface représentée par cette figure est une surface fausse ou contraire à la marche, surface que nous avons mis tous nos efforts à réduire, dans ce système qui spécule particulièrement sur la vitesse acquise et sur l'inertie du véhicule aérien. Cette circonstance suffit seule pour exclure à tout jamais la vis de *l'aérolocomotion*; car, avec l'organe en question, il ne serait point possible de ralentir ou d'arrêter le moteur pour planer sans quelques appréhensions de danger.

Dans le même cas de ralentissement ou de suspension complète du mouvement propulseur, avec la roue à ailes, loin d'encourir l'obstacle à la marche, l'organe devient au contraire favorable aux plus grandes vitesses qu'on puisse supposer animer la machine, la surface de l'aile s'efface et la machine ne présente plus alors qu'une vaste étendue plane et horizontale.

La roue à ailes réunit à cet avantage important celui de la légèreté et de la construction facile que la vis en hélice ne présente point.

CHAPITRE XXI.

SURFACES VRAIES OU DE SUSPENSION.

La surface de résistance vraie ou surface vraie, joue un rôle très-important parmi celles dont nous avons à parler. Elle est le parachute de la machine, dans le cas de son abaissement vertical, et la génératrice du mouvement oblique. Son étendue doit donc être calculée en minimum, pour qu'en cas d'accident elle retienne le véhicule aérien dans sa chute, en neutralisant, par son action sur le milieu, la force attractionnelle accélératrice qui sans cela entrainerait le mobile à terre. Voilà pour son étendue minimum ; quant à sa structure générale, elle doit être sensiblement plane même plutôt légèrement crochue dans le sens inférieur, afin d'exercer plus d'influence sur le milieu. Nous verrons à la composition de la machine aérienne quelle devra être sa forme et sa place dans l'ensemble, ainsi que celle du gouvernail, pour les directions verticales, lequel appartient à la même catégorie que la grande surface parachute.

CHAPITRE XXII.

SURFACES NEUTRES OU DE RÉSISTANCE ALTERNATIVE.

Ces surfaces dont le rôle est alternativement actif et inactif, président à la marche du mobile ; elles sont de deux sortes, les mobiles et les immobiles.

Les surfaces neutres mobiles sont celles dont l'obliquité, portée dans tel ou tel sens, donne immédiatement un changement de marche horizontale au mobile. Ces surfaces constituent le gouvernail pour les directions dans le plan de l'horizon, le gouvernail ordinaire.

Les surfaces neutres immobiles sont des appendices rigides, plats et spacieux dont la surface est parallèle à la marche. Elles ont pour mission de maintenir la direction donnée, ferme et rectiligne. Elles jouent le même rôle sur le véhicule aérien que les nageoires dorsales chez les poissons.

CHAPITRE XXIII.

COMPOSITION ET DESCRIPTION DE LA MACHINE AÉRIENNE.

Le moteur avec ses accessoires, est la partie principale de l'organisme, la partie la plus lourde et celle qui prend le plus de capacité; pour ces raisons, il doit assurément occuper le centre de l'appareil soit A (fig. 12, 13 et 14.) (Les mêmes lettres désignent la même chose pour ces trois dernières figures seulement).

Vient ensuite l'organe de locomotion ou de propulsion, dont la fonction est d'exercer une traction permanente sur tout l'organisme. Il doit donc, puisqu'il est le remorqueur de l'appareil inerte, être placé à l'avant du centre de gravité de l'ensemble, sans, cependant, s'écarter beaucoup du moteur qui occupe ce dernier point par rapport à la transmission du mouvement. Je place donc en B, les deux roues à ailes ou de propulsion.

La surface de résistance vraie vient ensuite. Son rôle principal qui consiste à maintenir l'équilibre de l'appareil en le soutenant en partie, indique assez qu'elle doit s'étendre tout autour des masses lourdes; je les place donc soit devant C, soit derrière D, le moteur et les roues de propulsion, de cette manière ces dernières parties de l'organisme se trouvent, ainsi que je l'ai dit plus haut, placées au centre de l'ensemble.

Le gouvernail, pour les directions verticales, qui est

compris dans la catégorie des surfaces parachutes, termine la machine ; je le place en E.

Les surfaces neutres immobiles, chargées de maintenir la direction imprimée, doivent assurément longer l'appareil dans le sens de l'avant à l'arrière ; ainsi je les place en G et H. Le gouvernail, pour les directions dans le plan de l'horizon vrai est en I ; il est fixé au reste de l'appareil par une charnière en J ; une tige correspondant avec l'intérieur de la machine sert à mettre ce gouvernail en mouvement.

Les fig. 12, 13 et 14 montrent la machine complète sous ces trois principaux aspects ; la fig. 12, la représente en plan avec toute sa surface vraie ; la fig. 13, la représente en face avec toute sa surface fausse, et la fig. 14, la représente en profil avec toute sa surface neutre.

K K sont des cordages très-déliés en métal, faisant fonction de haubans pour maintenir solidement les parties à leur place et les garantir de la torsion.

L M sont les pieds supportant la machine, lorsqu'elle est à terre. On devra observer avec soin dans la construction de la machine aérienne, que le centre de gravité des masses soit aussi en avant que possible sur l'appareil, sans cependant cesser d'occuper le centre de gravité des surfaces. L'avantage de cette disposition sera la destruction de tout ballotage lors de l'abaissement vertical, la rigidité de la marche et la sensibilité extrême des directions verticales et horizontales.

Examinons maintenant quels effets les organes de locomotion produisent sur la machine, lorsqu'ils se meuvent.

Ces effets peuvent se diviser en deux sortes : 1° la tendance au mouvement en avant, et 2° la tendance à soulever verticalement la machine.

La tendance au mouvement en avant s'explique facilement par les raisons suivantes :

Nous savons par la théorie du plan incliné — et nous en retrouvons la preuve dans les forces deuxièmes — que toute force agissant obliquement contre une surface parfaitement unie et résistante, glisse le long de cette résistance. Or, ici l'aile en mouvement et le milieu inerte présentent le même rapprochement de circonstances ; car, d'une part, nous avons la surface de l'aile qui s'incline en vertu de son ressort contre la résistance qu'elle rencontre dans l'air, et, de l'autre, une force motrice qui fait que le phénomène reste en permanence.

Donc l'équilibre doit être rompu, soit dans l'air, par rapport à la machine, soit dans la machine, par rapport à l'air. C'est ce qui est confirmé par l'expérience dont il est parlé page 50.

Maintenant, pour la tendance à soulever la machine de bas en haut, elle résulte de causes que je n'ai pas encore assez étudiées pour qu'il me soit possible d'en donner aujourd'hui l'explication d'une manière satisfaisante.

Cependant le fait est, ainsi qu'il m'a été possible de le remarquer dans les quelques expériences bâtardes que j'ai pu faire. Mais, à supposer qu'il ne soit pas, et qu'il y ait nécessité à le produire, rien ne serait alors plus facile, en couvrant la partie N O P de l'appareil fig. 13 ; de cette manière, le remont de l'aile qui tend à abaisser le mobile serait neutralisé, tandis que son abaissement, qui tend au contraire à l'enlever, produirait tout l'effet dont il serait susceptible en faveur de la tendance au soulèvement réclamé.

La réunion des deux tendances qui précèdent produira sur la locomotive aérienne une force composante motrice, qui, elle-même, sera composée de deux tendances, l'une parallèle, l'autre perpendiculaire à la ligne centrale ou dorsale de la machine, duquel mélange naîtra la composante première motrice, en vertu de ce qui est dit sur la composition des forces.

Pour clore ce qu'il importe de savoir d'une manière générale sur le nouveau propulseur, je ferai remarquer que cet organe, aussi bien que l'aile de l'oiseau, ne peut point battre en arrière, c'est-à-dire donner l'impulsion en sens inverse. Cette imperfection apparente ne se retrouve ni dans la vis en hélice ni dans la roue à aubes.

CHAPITRE XXIV.

DES MOYENS DE DÉTERMINER LES FORCES PREMIÈRES ET DEUXIÈMES.

Les moyens de déterminer les forces premières et deuxièmes seront excessivement importants à connaître, puisqu'ils permettront de juger à l'avance les effets que telle machine donnée pourra produire sous tel ou tel angle de marche, et dans telle ou telle condition de milieu.

Ces moyens sont très-compliqués pour un homme dénué d'instruction, comme moi; cependant, je crois qu'il sera facile aux savants de donner des formules simples et précises à l'aide desquelles on pourra dresser pour chaque machine des tableaux indicateurs des différentes sortes de mouvements qu'elles seront capables de prendre dans l'air. Ces tableaux contiendront toutes les notes relatives aux départs, ressources de route et arrivées des locomotives aériennes.

Je vais plus bas donner le détail des moyens fondamentaux à l'aide desquels on établira les formules dont il s'agit. Ces moyens sont de deux sortes :

1° Le pendule dynamométrique, pour déterminer les forces premières;

2° Et la connaissance de la forme et de l'étendue des organes extérieurs soumis à l'influence du milieu pour déterminer les forces deuxièmes.

Je vais parler de ces deux moyens.

CHAPITRE XXV.

PENDULE DYNAMOMÉTRIQUE.

Donnons d'abord un nom à l'instrument, parce qu'il en faut un à toutes choses; il sera plus tard maintenu ou rejeté, suivant qu'on le trouvera plus ou moins bien approprié à l'instrument qu'il désigne.

La théorie du pendule dynamométrique est la même que celle précédemment écrite pour le parallélogramme des forces. Il va être facile de le reconnaître dans ce qui suit.

Supposez un pendule simple, un fil, une amarre A (fig. 15), fixé invariablement par son extrémité supérieure au point B, et terminé à son extrémité inférieure par un dynamomètre C ou instrument propre à mesurer le poids des corps. Au crochet du dynamomètre doit être fixée la locomotive aérienne, libre de toute entrave, et seulement soutenue par la résistance du pendule A. Ce dernier étant dans une position verticale, le dynamomètre accusera le poids de l'appareil tout chargé et prêt à partir, soit, par exemple, 1,000 kilogr. Maintenant, supposons les ailes en mouvement et admettons-leur un pouvoir propulseur que nous ne connaissons ni en intensité ni en direction, mais que nous avons besoin de connaître sous ces deux rapports.

Comment y parviendrons-nous?

Si, lorsque les ailes agiront, leur pouvoir supposé ne change rien dans la position primitive de l'ensemble, mais que le dynamomètre vienne à indiquer un excédant de force descendante, par exemple, 200 kil., soit 1,200 kil. en tout, il faudra évidemment en conclure que l'organe de propulsion sollicite le mobile verticalement et de haut en bas avec une force égale au cinquième du poids du mobile.

Si l'effort supposé, au lieu d'augmenter la force descendante, venait, au contraire, à diminuer la force primitive et la réduire à 750 au lieu de 1,000, d'après le dynamomètre, sans modifier la position de l'ensemble, il faudrait, par une raison inverse de la première, conclure que l'organe de propulsion soulève verticalement le mobile avec une force dont l'intensité est égale au quart du poids de ce dernier.

Maintenant, si le dynamomètre venait à indiquer pour total une force de 800 kilogr., par exemple, et que le fil vienne à sortir de sa direction verticale A B (fig. 16) pour en prendre une autre, par exemple, la direction A C, il faudrait en conclure, en vertu du principe du parallélogramme des forces, 1° que puisque l'expression de la force suivant A C est 800 kilogr. alors qu'elle était 1,000 kilogr. suivant A B, le propulseur agit en soulevant un peu le mobile ; 2° que puisque l'expression des intensités est connue pour être 1,000 kilogr. suivant A B et 800 kilogr. suivant A C, et que l'angle B A C est également connu, la force composante motrice cherchée est A D en direction et en intensité, parce qu'en achevant le parallélogramme par la ligne E F, nous satisfaisons à tout ce qui est dit à propos de la composition des forces pures.

Par ce qui précède, on voit que, pour tous les cas possibles, il suffit, pour établir le parallélogramme qui explique le phénomène, de déterminer immédiatement, à l'aide du dynamomètre, les intensités des forces résultantes et pesanteur ; d'exprimer leur rapport par une figure comme A B, A C, en ayant soin de donner toujours l'angle indiqué par le fil du pendule à l'angle quelconque B A C, et de compléter ensuite le parallélogramme. Par exemple, pour un cas où l'obliquité étant A B C (fig. 17), et le rapport des intensités comme 1,000 suivant B A est à

1,100 suivant B C, on aura pour expression de la force motrice continue la ligne B D, égale et parallèle à A C, et en intensité le rapport de la longueur B D avec les autres forces connues B A pesanteur, et B C résultante première.

Il est inutile de prolonger davantage les exemples sur cette matière; ce qui précède doit suffire pour établir qu'à l'aide du pendule dynamométrique, il est toujours très-facile de connaître quelle est la direction et l'intensité 1° de la force composante pesanteur; 2° de la force composante motrice continue, et 3° de la force résultante première.

On pourra observer avec raison que ces résultats sont vrais tant que la machine est captive, mais que si on la considère en mouvement libre dans l'espace, ils doivent probablement changer d'une manière considérable. Ceci est vrai au fond, mais il y a plusieurs choses à examiner sur cet objet, lesquelles modifient et atténuent peut-être complétement la cause présumée défavorable à première réflexion.

D'abord il faut remarquer que, *dans le transport libre et normal de la machine aérienne, les marches indiquées par les surfaces de suspension qui produisent la force deuxième oblique* (lesquelles surfaces sont parallèles à celles de propulsion) *ne correspondent jamais avec la marche du véhicule; elles sont, au contraire, toujours obliques entre elles.* Ceci est positif, on peut le voir par la route suivie par le mobile fig. 4, qui, étant dirigé suivant J P, ne peut en réalité jamais se mouvoir parallèlement à cette direction par rapport à la mobilité excessive des molécules de l'air et l'influence de la résistance sur B C.

Cet état de choses, inhérent au système en lui-même, fait que la réaction du milieu contre l'appareil locomoteur supposé en mouvement sur la machine en marche, atteint beaucoup plus fortement la partie de l'aile qui s'abaisse Q, que celle qui s'élève R (fig. 12 et 13), circonstance favorable à la solution; car la plus grande somme de résistance de l'air étant alors pour la tendance ascensionnelle, tournera évidemment au profit de celle-ci, et cela d'autant mieux que la marche sera plus rapide. Il y a donc dans ce fait providentiel — dont les oiseaux profitent aussi — un avantage compensateur qui obviera sans doute à la condition défavorable que l'on peut présenter comme un obstacle à la régularité du moyen indicateur des forces premières que je propose ici. C'est ce qu'auront à démontrer ultérieurement les savants et les ingénieurs.

Présentement, malgré l'incertitude qui existe sur la valeur du pendule, pour démontrer ce que peuvent être les forces premières dans la machine libre, il est certain que cet instrument, par sa simplicité et la vérité de ses indications pour les machines captives, servira à déterminer aussi les *effets libres*, car il ne s'agira plus alors que de tenir compte par le calcul des modifications que le milieu (suivant tel ou tel cas donné) pourra apporter dans le phénomène.

CHAPITRE XXVI.

CONNAISSANCE DE LA FORME.

Pour déterminer les *forces secondaires*, il faut non-seulement connaître l'étendue des surfaces en contact avec le milieu, mais encore leur forme et leur position par rapport au choc qu'elles peuvent éprouver de la part de l'air.

Les calculs nécessaires pour arriver au résultat cherché reposent sur un principe unique d'une application très-variée. Ce principe est que *la résistance éprouvée sur une surface plane qui reçoit le choc de l'air, ou qui choque l'air à angle droit, est à la résistance éprouvée contre cette même surface, obliquement placée par rapport à sa position primitive, comme le carré du rayon est au carré du sinus de l'angle d'incidence*; c'est-à-dire, en d'autres termes, que, toutes choses égales, plus un corps de forme conique, pyramidale, ovoïdale, etc., est aigu dans le sens de son mouvement dans l'air, plus il est à l'abri des atteintes de ce dernier.

Connaissant donc la structure de la machine aérienne, on pourra, en vertu de ce principe, déterminer par le calcul le développement maximum des forces deuxièmes sous tel ou tel angle de marche et sous telle ou telle influence de force résultante première connue ; ou bien par la seule connaissance du principe, déterminer la forme à donner à la machine aérienne pour produire tel ou tel effet donné, avec l'auxiliaire de telle ou telle force première résultante donnée; ou, enfin encore, déterminer la force résultante première nécessaire à la solution du problème par la connaissance des pouvoirs des forces deuxièmes, sous un angle de marche connu.

Tel est le triple genre d'opération que permettra de faire le principe posé ci-dessus, et qu'auront à faire ultérieurement les ingénieurs chargés de diriger la construction des machines-oiseaux, et de dresser les tables de routes dont elles seront pourvues.

CHAPITRE XXVII.

ÉVOLUTION DE LA MACHINE AÉRIENNE.

Le chapitre XV nous a appris le secret du problème, en nous montrant la marche que suivra la future machine aérienne, représentée par les fig. 12, 13 et 14. Maintenant il nous reste à examiner cette marche, depuis son origine jusqu'à sa fin, et à faire remarquer toutes les parties saillantes dont elle se compose.

Le phénomène entier se nomme évolution normale et complète de la machine aérienne.

Les principales choses à considérer dans l'évolution complète, sont : 1° La direction, 2° la marche, 3° la division de la marche, 4° et la vitesse.

LA DIRECTION.

La ligne de direction dans toute machine aérienne, est la droite E S, (fig. 12 et 14), qui divise le plan de l'appareil en deux parties égales ; elle est parallèle aux surfaces de suspension.

Il y a plusieurs sortes de directions et elles ne doivent pas être confondues avec les marches, parce que jamais marche ne sera parallèle avec la ligne E S, indiquant la direction donnée, ainsi que cela a déjà été observé.

On distinguera *les directions neutres*, *les fausses* et *les vraies*.

Les directions neutres sont celles qui donnent naissance à la force verticale deuxième, traitée au chapitre XI. Elles se produisent toutes les fois que la force résultante première coupe la direction à angle droit : soit A B (fig. 18), la force résultante première, si la direction est C D, c'est une direction neutre qui, abstraction faite de toute vitesse acquise, ne peut donner au mobile que la marche parallèlement à A B.

La descente en parachute est une direction neutre, car la chute a lieu parallèlement à la verticale qui est, dans ce cas, force première, et la surface de suspension coupe la direction de la force à angle droit.

Les directions fausses sont celles qui ne peuvent donner au véhicule que le mouvement retardé, s'il se meut, et qui l'empêcheraient de s'élever dans l'espace, si, étant en repos, on voulait lui imprimer le mouvement ascensionnel ; il ne pourrait, dans ce dernier cas, que ramper à la surface de la terre sans jamais l'abandonner.

Les directions fausses sont produites sur la machine libre, *toutes les fois* que la ligne qui sert à les indiquer fait un *angle obtus* avec la force résultante première : Soit A B (fig. 19), la résultante première et C D l'horizon résultant, la direction fausse sera E F, ou toute autre, pourvu que l'angle F G B soit *obtus*.

Je ne classe pas dans la catégorie des directions fausses, ni même dans aucune catégorie les directions portées en dessous de l'horizon vrai H I, parce qu'elles sont fausses de fait et opposées au but de l'aérolocomotion ; telle serait, par exemple, la direction J K.

Les directions vraies sont celles qui donnent au mobile le mouvement progressif ou simplement horizontal ; elles se divisent en trois catégories par rapport aux effets qu'elles peuvent produire sur la machine libre, savoir :

1° Les directions vraies proprement dites ;

2° Les vraies douteuses ;

3° Enfin, les vraies insuffisantes.

Les directions vraies, proprement dites, sont celles qui donneront toujours au mobile la marche ascensionnelle et horizontale. Elles sont produites sur le mobile, toutes les fois que la ligne de direction passe au milieu de l'espace qui sépare les deux horizons (pourvu cependant que l'on opère sur une machine capable de résoudre le problème): soit A B (fig. 20), l'horizon vrai, et C D, l'horizon résultant, la direction vraie sera E F ou toute autre peu différente de celle-ci.

Les directions vraies douteuses sont celles qui donneront au mobile une marche incertaine entre la vraie et la fausse; elles seront produites sur le mobile toutes les fois que la direction sera trop rapprochée de l'horizon résultant C D (fig. 20).

Les directions vraies insuffisantes sont celles qui ne permettent point d'atteindre la marche parallèle à l'horizon vrai ; elles se produisent sur le mobile dans les cas inverses des précédentes, c'est-à-dire toutes les fois que la direction sera trop rapprochée de l'horizon vrai A B (fig. 20).

LA MARCHE.

La marche ou *trajectoire* est la ligne de route que suit la machine aérienne dans l'air atmosphérique, soit M N V X etc. (fig. 8). Nous avons dit qu'ellé n'était jamais parallèle à la direction donnée et qu'elle faisait au contraire toujours un angle inférieur avec cette dernière.

Le lecteur a dû comprendre, par ce qui est dit sur les directions, que les marches sont aussi variées qu'elles, puisque la direction ne prend un nom que pour exprimer le genre de marche qu'elle peut engendrer. Il y a donc autant de sortes de marches que d'espèces de directions ; ainsi les noms de celles-ci s'appliqueront aussi à celles-là, dans les cas correspondants.

Il y a cependant de plus dans les marches que dans les directions, le *recul* qui se produira dans tous les cas de directions fausses maintenues.

DIVISION DE LA MARCHE.

Le phénomène de marche normale et complète de la machine aérienne n'a été traité qu'en partie dans ce qui précède. Au complet il se divise en trois parties bien distinctes (fig. 8).

Dans la *première partie* du mouvement normal (temps compris entre l'origine du mouvement et un certain point variable postérieur) la marche est toujours curviligne et descendante comme I L M (fig. 8), et la vitesse toujours accélérée ou progressive. Le phénomène est alors naissant ou ascendant, c'est-à-dire qu'il se développe, qu'il croît. Il n'est pas possible de remédier à cet état incohérent différemment que par le temps, à moins cependant que la force motrice soit plus grande que la pesanteur.

Dans la *deuxième partie* (temps commençant à la fin du mouvement accéléré et postérieurement), la marche peut être descendante, horizontale ou ascendante; mais elle est toujours rectiligne comme M N, et la vitesse uniforme ou égale pour des temps égaux. Le phénomène a alors acquis tout son degré de croissance; il est dans sa plénitude, il se maintient et ne varie plus. C'est l'état parfait de la marche.

Enfin, dans la *troisième et dernière partie* du phénomène complet (temps compris entre la fin du mouvement uniforme et l'extinction complète de tout mouvement), la marche est toujours curviligne et ascendante comme N W, et la vitesse retardée ou décroissante. Le phénomène entre alors en décadence, il décline à chaque instant par l'action outrée de la pesanteur qui, grâce à une manœuvre particulière du gouvernail, absorbe la vitesse dont le mobile a été doué pendant les temps antérieurs, et qu'il garderait sans cette précaution indispensable; différemment, l'élan terrible qui l'anime briserait en mille éclats la machine sur le lieu de sa descente à terre.

LA VITESSE.

La vitesse de marche est le point important de l'aérolocomotion, celui sur lequel repose tout le succès du nouveau mode de transport; son intensité sera excessivement variable, en raison de la multiplicité des éléments qui entreront dans sa composition, et il est impossible, dans l'état actuel de nos connaissances ébauchées sur le problème, de la déterminer d'une manière précise; toutefois, il est certain qu'elle ne peut être que considérable: en effet, figurez-vous un corps lourd comme sera la locomotive aérienne, abandonné à l'action d'une force le long d'un plan incliné, parfaitement glissant (on se souvient que la machine aérienne s'abaissera toujours comme le long d'un plan incliné, dans la direction de la force qui la sollicitera, quand même elle s'élèverait au-dessus de l'horizon vrai, voyez page 40), alors que tout sera disposé pour seconder son impulsion. On peut donc sans exagération évaluer la vitesse moyenne (abstraction faite de l'influence des vents) à 50 ou 60 lieues, de 25 au degré à l'heure, c'est-à-dire 220 à 265 kilomètres.

Maintenant, si nous admettons, avec plusieurs physiciens, que l'atmosphère est divisée en zones ayant chacune un mouvement différent, en un mot, qu'il y ait à la fois plusieurs vents et courants superposés dans l'atmosphère, circonstance qui permettrait toujours de prendre le vent favorable dans un voyage aérien, la vitesse pourrait alors être augmentée de toute celle du courant. Ainsi, si cette vitesse était, par exemple, de 10 lieues à l'heure en moyenne, celle de la machine aérienne serait de 60 à

70 lieues. Ajoutons encore, pour tout dire, l'avantage de la marche en ligne droite, qui réduit d'un cinquième les distances sinueuses terrestres.

CHAPITRE XXVIII.

PORTS AÉRIENS.

Il résulte naturellement de ce qui est dit au chapitre précédent, sur la division de la marche complète de la machine, que les ports aériens devront occuper les points élevés du globe, les plateaux en pente devant lesquels l'espace sera libre et dégagé de tout encombrement de montagnes trop voisines du point de départ (voyez W, fig. 8).

Pour qu'un port soit dans les meilleures conditions, son versant (espace destiné à recevoir les locomotives aériennes) devra être encore spacieux et circulaire pour répondre à tous les points de l'horizon, afin d'offrir ainsi un abri sûr contre tous les vents qui seraient à redouter, sinon dans la marche, du moins dans les abordages.

Ces conditions ne seront pas rigoureusement nécessaires; cependant, plus on s'y conformera, plus le port sera commode et appelé à prendre de l'importance.

En désignant les lieux élevés de la surface de la terre comme la position la plus convenable pour l'établissement des ports aériens, je ne les confine point pour cela sous la zone des glaciers et des neiges éternelles; il y a heureusement un assez grand espace entre ces régions et le niveau de l'Océan pour permettre la plus grande liberté à cet égard.

Au début de l'Aérolocomotion, la limite du niveau le plus bas à donner à ces nouveaux ports secs, soit au-dessus de l'Océan, soit au-dessus d'une plaine donnée, suivant la position, dépendra directement des pouvoirs plus ou moins grands des machines; mais, dès que les perfectionnements viendront agrandir ces pouvoirs, dès que l'apprentissage des manœuvres pour les départs et arrivées sera terminé, le moindre monticule pourra servir d'embarcadère.

Le milieu des plaines paraît cependant privé pour longtemps de l'avantage de devenir port aérien, car deux raisons s'y opposent plus ou moins directement : la première est la longueur des ailes de l'appareil, dont les mouvements seraient gênés par le voisinage de la terre; la deuxième est l'impossibilité d'entrer de suite dans la marche rectiligne horizontale, sans passer d'abord par la phase progressive, qui, dans la machine libre, produit la courbe descendante I L M (fig. 8).

Cette dernière raison nécessiterait que le mobile rampât un certain temps parallèlement à la surface du sol, soutenu par un artifice quelconque, afin d'acquérir assez d'impulsion pour ensuite abandonner la terre par son propre secours.

La particularité qui se rattache à la position des ports aériens nous montre un des moyens que la Providence a de répartir et d'équilibrer la population sur le globe, de la porter en des points que l'on regarde comme privés pour toujours de cette activité qui, de nos jours, se concentre dans l'air stagnant, au fond des vallées et au bord des fleuves, dont le voisinage est souvent si funeste.

CHAPITRE XXIX.

CONCLUSIONS.

La théorie nouvelle nous force, bon gré mal gré, à conclure :

1° Que jusqu'à ce jour les recherches dirigées vers la solution du problème de la Locomotion aérienne, ont été fausses au fond, excepté celles que la majorité a reconnues pour les plus folles, les plus extravagantes, telles que les machines à ailes anciennes et modernes, réelles ou imaginaires, (ce qui n'ôte rien au fond de vérité qu'elles peuvent contenir) depuis Icare jusqu'à Blanchard (1), depuis Archytas jusqu'à Henson en 1843. L'interprétation de la vérité a donc été renversée, puisque les essais les plus déraisonnables, ceux dont le néant est le plus visible par analogie, ceux qui n'ont donné et ne donneront aucun résultat autre

(1) Avant la découverte de Montgolfier, Blanchard s'occupait de machines à ailes, mais à partir de cette époque il fut pris d'enthousiasme pour la sublime mystification des ballons, dont il ne cessa de s'occuper depuis.

que des apparences trompeuses, ceux qui ont enfanté et qui constituent l'Aérostation enfin, sont précisément ceux qui captivent présentement l'attention publique à tel point que des écrivains pleins de mérite se laissent prendre au piége.

2° Que contrairement à l'opinion générale partagée par beaucoup d'hommes éclairés, les oiseaux n'ont pas besoin, (à la rigueur), d'une force égale à leur poids pour se mouvoir horizontalement dans l'air ; que si cependant ils possèdent cette force en excès, cette surabondance de moyen est mise en eux par la nature, non pas pour qu'ils atteignent le but minimum, vers lequel nous visons, mais pour parer aux éventualités auxquelles ils sont soumis naturellement pour vivre et accomplir leur destinée dans le milieu atmosphérique. Par exemple : le besoin de s'élever subitement dans une direction presque verticale, ou bien d'interrompre leur vol, en s'arrêtant pendant un temps indéterminé assez long, pour guetter une proie avec plus d'assurance, circonstance où il faut assurément employer une force au moins égale au poids du corps pour qu'il y ait équilibre de suspension.

3° Que la Locomotion aérienne est dès ce jour constituée en principes, et qu'il est raisonnable d'en considérer la réalisation pratique comme facile et par conséquent prochaine, puisque des trois termes à réaliser et à réunir pour cela, savoir : la force, la forme et l'effet, le premier existe depuis longtemps, le second et le troisième sont décrits, ainsi que la méthode rationnelle pour les mettre en pratique, dans ce qui précède.

CHAPITRE XXX.

RÉFLEXIONS FINALES.

En livrant à la publicité, la théorie qu'on vient de lire, j'ai réalisé ce que je regardais comme l'accomplissement d'un devoir.

Ma mission est pour le moment remplie et mes vœux sont, en grande partie, satisfaits ; ils seraient comblés entièrement si avec la théorie positive j'apportais la locomotive aérienne ; mais, pour cela, il aurait fallu faire des essais sans nombre et ne point compter les dépenses ; or, ceci m'était matériellement impossible, force a donc été de m'en tenir aux moyens qui ne coûtaient rien que de la bonne volonté et de la persévérance ; ces moyens malgré leur exiguïté m'ont conduit au but, j'aurais donc tort de me plaindre.

C'est maintenant aux hommes haut placés à prendre l'initiative de l'application pratique ; ils peuvent dorénavant, avec moins d'efforts et de persistance que je n'en ai mis à découvrir la vérité, la faire passer en fait. Je me garderai bien de leur donner des avis ou des conseils à ce sujet, car ce serait intervertir les rôles ; l'inventeur doit ses idées à la société ; une fois qu'il les lui a léguées, il a payé sa dette, il est libre ; les législateurs savent aussi leurs devoirs, s'ils ne les accomplissent pas, tant pis pour eux, mais tant pis pour tous !

TABLE.

Chapitres.		Pages.
	Au Lecteur.	1
I.	Considérations générales.	5
	Tableau analytique et synthétique	6-7
II.	Court résumé de l'aérostation et de la balistique.	9

PREMIÈRE PARTIE.

THÉORIE

III.	Aérolocomotion ou Locomotion aérienne.	11
IV.	Eléments de l'Aérolocomotion.	12
V.	Forces premières ou pures.	13
VI.	Composition et décomposition des forces.	14
VII.	Des verticales, horizons, zéniths et nadirs vrais et résultants.	17
VIII.	Force deuxième ou d'accident.	19
IX.	Pourquoi le nom de force deuxième?	21

SECONDE PARTIE.

EXTENSION DE LA THÉORIE A LA PRATIQUE.

Chanoine, imprimeur à Lyon.

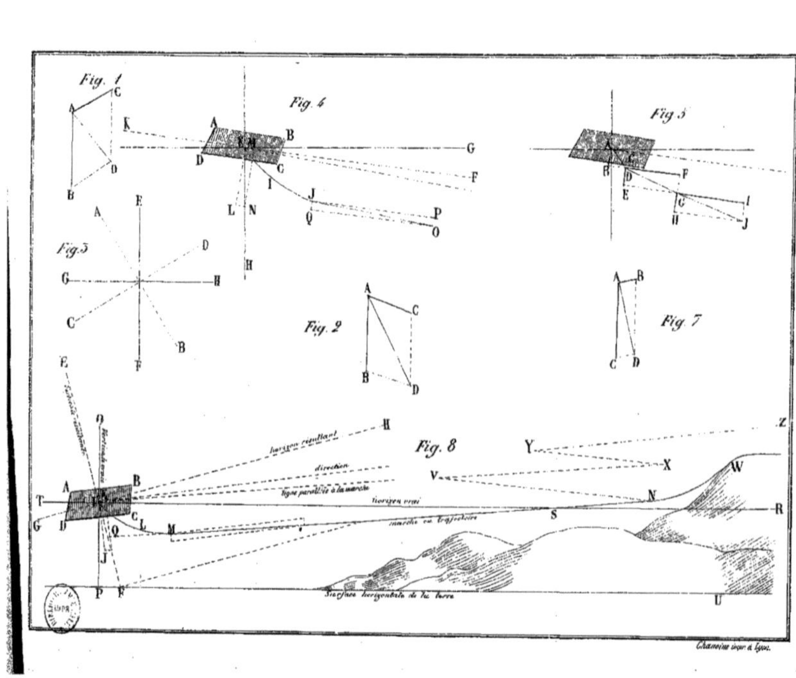

Chanoine impr. à Lyon.

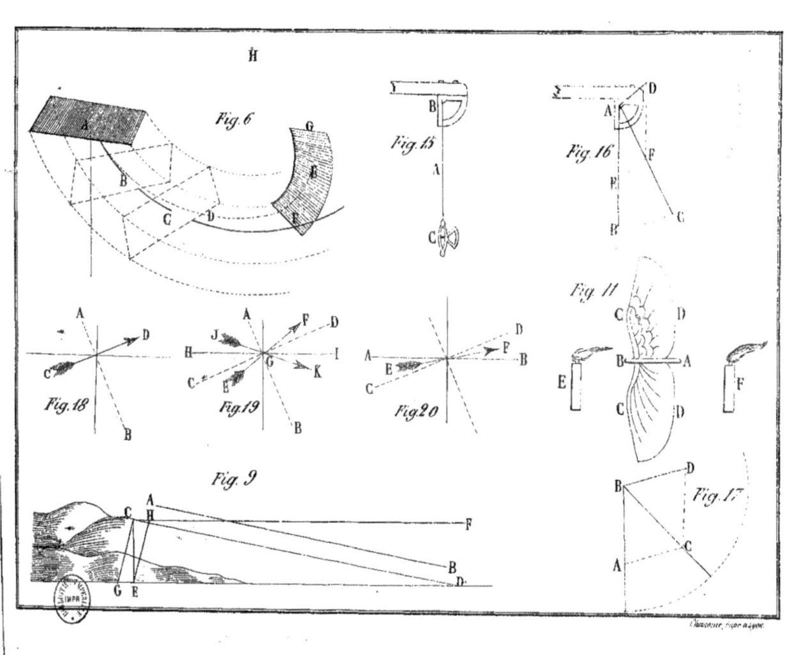
H
Fig. 6
A
B
C
D
E
F
G
Fig. 15
B
A
C
Fig. 16
A
D
F
E
C
Fig. 11
C
D
B
A
E
F
C
D
Fig. 18
A
D
C
B
Fig. 19
A
J
F
D
H
I
G
C
E
K
B
Fig. 20
A
E
C
D
F
B
Fig. 9
A
C
H
F
B
G
E
D
Fig. 17
B
D
C
A

www.ingramcontent.com/pod-product-compliance
Ingram Content Group UK Ltd.
Pitfield, Milton Keynes, MK11 3LW, UK
UKHW021006200726
13857UKWH00004B/1310